BEI GRIN MACHT SICH IHR WISSEN BEZAHLT

- Wir veröffentlichen Ihre Hausarbeit, Bachelor- und Masterarbeit

- Ihr eigenes eBook und Buch - weltweit in allen wichtigen Shops

- Verdienen Sie an jedem Verkauf

Jetzt bei www.GRIN.com hochladen und kostenlos publizieren

GRIN

Markus Schwarzkopf

Die Rolle der Auslandschinesen in Asien und die Zukunftsperspektiven der wirtschaftlichen Entwicklung in der Volksrepublik China

GRIN Verlag

Bibliografische Information der Deutschen Nationalbibliothek:

Die Deutsche Bibliothek verzeichnet diese Publikation in der Deutschen National-
bibliografie; detaillierte bibliografische Daten sind im Internet über http://dnb.d-
nb.de/ abrufbar.

Dieses Werk sowie alle darin enthaltenen einzelnen Beiträge und Abbildungen
sind urheberrechtlich geschützt. Jede Verwertung, die nicht ausdrücklich vom
Urheberrechtsschutz zugelassen ist, bedarf der vorherigen Zustimmung des Verla-
ges. Das gilt insbesondere für Vervielfältigungen, Bearbeitungen, Übersetzungen,
Mikroverfilmungen, Auswertungen durch Datenbanken und für die Einspeicherung
und Verarbeitung in elektronische Systeme. Alle Rechte, auch die des auszugsweisen
Nachdrucks, der fotomechanischen Wiedergabe (einschließlich Mikrokopie) sowie
der Auswertung durch Datenbanken oder ähnliche Einrichtungen, vorbehalten.

Impressum:

Copyright © 2005 GRIN Verlag GmbH
Druck und Bindung: Books on Demand GmbH, Norderstedt Germany
ISBN: 978-3-638-76330-1

Dieses Buch bei GRIN:

http://www.grin.com/de/e-book/43391/die-rolle-der-auslandschinesen-in-asien-und-
die-zukunftsperspektiven-der

GRIN - Your knowledge has value

Der GRIN Verlag publiziert seit 1998 wissenschaftliche Arbeiten von Studenten, Hochschullehrern und anderen Akademikern als eBook und gedrucktes Buch. Die Verlagswebsite www.grin.com ist die ideale Plattform zur Veröffentlichung von Hausarbeiten, Abschlussarbeiten, wissenschaftlichen Aufsätzen, Dissertationen und Fachbüchern.

Fachhochschule München

Fachbereich 09

Wirtschaftsingenieurwesen

Die Rolle der Auslandschinesen in Asien und die Zukunftsperspektiven der wirtschaftlichen Entwicklung in der Volksrepublik China

von

Markus Schwarzkopf

Studienarbeit im Fach „Internationale Wirtschaftsräume"

München, April 2005

Gliederung:

2

1. Einleitung

„The world's fastest growing economy? China.
The market you can't afford not to be in? China.
The source of the funds to keep the U.S. economy from going bust? China.
The engine behind global trade growth? China.
The unfair trader manipulating the value of its currency at the expense of Europe and
the United States? China.
The giant Gorilla siphoning off jobs from the West? China.
The indifferent employer pushing labor standards lower throughout the developing
world? China."

(Pfanner, 2004)

Mit diesen Fragen eröffnete Eric Pfanner, Journalist des Herald Tribune, seinen
Bericht über das Weltwirtschaftsforum 2004 in Davos, auf dem neben Terrorismus
und Sicherheitsfragen China das wichtigste Thema war.

In der Tat ist die wirtschaftliche Entwicklung Chinas rasant. Mit den Reformen unter
Deng Xiaoping im Jahre 1978 öffnete sich China dem Westen und zieht seitdem
internationale Konzerne sowie Investitionskapital an. Ein durchschnittliches
Wachstum des Bruttoinlandsprodukts seit 1978 von jährlich 9%, ein Anstieg des
Außenhandelsvolumens im gleichen Zeitraum von 15% p.a. und Direktinvestitionen
aus dem Ausland in Höhe von 53,2 Milliarden Dollar im Jahre 2002 drücken den
Aufstieg der chinesischen Wirtschaft in Zahlen aus (vgl. Lieberthal, 2004).
Umso erstaunlicher ist es, dass noch vor 30 Jahren das heutige Boomland China von
kommunistischer Misswirtschaft, Hunger und Armut in der Bevölkerung geprägt war.

Die vorliegende Arbeit beleuchtet in erster Linie die Bedeutung der sogenannten
Auslandschinesen in Asien sowie ihre Rolle am wirtschaftlichen Aufschwung Chinas.
Ferner werden die allgemeinen Chancen und Risiken für die künftige
Weiterentwicklung der Volksrepublik China betrachtet.

2. Die Bedeutung und der Aufstieg der Auslandschinesen in Asien

Parallel zu den Wirren im China des 19. und 20. Jahrhunderts und im Gegensatz zur Armut und der katastrophalen Lage der chinesischen Bevölkerung während dieser Zeit, schafften Chinesen, die während dieser Periode ihr Heimatland verließen, im Ausland einen beeindruckenden Aufstieg, der in diesem Kapitel beleuchtet werden soll.

2.1. Die heutige Bedeutung der Auslandschinesen für den asiatischen Kontinent

"Asia's overseas Chinese are the most commercially successful minority group the world has ever seen. Much of what happens in Asia happens because they make it happen. Its rise, its fall, and its rise again is in their hands" (Backman, 1999, S. 207).

Das Geschäftsleben in Asien, mit Ausnahme der Volkswirtschaften Koreas und Japans, wird heutzutage maßgeblich von Chinesen dominiert, die im 19. und 20. Jahrhundert ihr Heimatland in der Hoffnung verließen, ihre damaligen teils katastrophalen Lebensumstände zu verbessern. Vor allem in Südostasien erreicht die wirtschaftliche Macht der sogenannten Auslandschinesen heute beeindruckende Ausmaße. In den fünf bedeutendsten südostasiatischen Staaten (Indonesien, Malaysia, den Philippinen, Singapur und Thailand) kontrollieren die dort lebenden chinesischstämmigen Bürger geschätzte 70% des gesamten Privat- und Firmenkapitals, obwohl ihre Gruppe nur sechs Prozent der Gesamtbevölkerung in den genannten Ländern (siehe Abb. 2-1) repräsentiert. Laut der jährlich erscheinenden Forbes-Liste der reichsten Menschen der Erde, stellte die Minderheit der Auslandschinesen im Jahre 1997 zudem 90% der in Südostasien lebenden US-$-Milliardäre (vgl. Backman, 1999).

Land	Gesamtbevölkerung (in Millionen)	Anteil Chinesisch-stämmiger an der Gesamtbevölkerung	Von Chinesen kontrolliertes Privat- und Firmenkapital
Indonesien	201	3.5%	70%
Malaysia	20	29%	60%
Philippinen	73	2%	55%
Singapur	3.5	77%	80%
Thailand	60	10%	75%

Abb.2-1: Die Wirtschaftsmacht der Auslandschinesen in Asien
(Quelle: Backman, Asian Eclipse, 1999, S. 207)

Die Angaben, wie groß die Anzahl der im Ausland lebenden Chinesen ist, schwanken zwischen 40 Millionen (vgl. Bartsch, 2004) und 55 Millionen (vgl. Seagrave, 1995). Es wird ferner geschätzt, dass alleine in Südostasien 29 Millionen Chinesen leben (vgl. Backman, 1999).

2.2. Die Geschichte der Auslandschinesen am Beispiel Südostasien

Vor dem Beginn ihres unaufhaltsamen Aufstiegs stand großes Leid, dem die späteren Auslandschinesen in ihrem Heimatland China ausgesetzt waren. Sie wurden verstärkt im 19. und 20. Jahrhundert „durch Bürgerkriege, den Niedergang des Kaiserreichs, das Chaos der ersten Republikjahre, Überbevölkerung und Hungersnöte aus dem Land getrieben" (Krüger, 2004, S. 120). Als Beispiele für die katastrophale Situation Chinas in dieser Zeit nennt Seagrave die Fremdbestimmung des chinesischen Volkes durch die Kolonialmächte vor allem im 19. Jahrhundert, Hungerskatastrophen hauptsächlich in der zweiten Hälfte des 19. Jahrhunderts und während der Zeit der Massenbewegung „Der große Sprung nach vorn" (1957 – 1962) unter Mao Zedong, den Bürgerkrieg in den Jahren 1911 bis 1949 sowie die Besatzungszeit durch die Japaner in den Jahren 1931 – 1945 (vgl. Seagrave, 1995).

Die Auswanderer setzten sich in erster Linie aus Bewohnern der südchinesischen Provinzen Guangdong, Fujian und Hainan zusammen (vgl. Backman, 1999). Daraus ergibt sich laut Backman, dass die insgesamt 29 Millionen in Südostasien lebenden Chinesen nur mit wenigen der 1,3 Milliarden Chinesen der Volksrepublik China „kulturelle, familiäre und sprachliche Gemeinsamkeiten haben" (Backman, 1999, S. 209).

Seagrave liefert mögliche Gründe, warum vor allem Bürger aus Südchina nach Südostasien ausströmten. Zum einen herrschten in den südlichen Provinzen die mächtigen Familien-Clans und verwalteten sich dort de facto selbst. Dies missfiel den Machthabern im fernen Peking, welche versuchten, mit Gewalt und Härte die Machstrukturen dieser Familien zu zerstören. Auch wurden die Bewohner Südchinas durch Nordchinesen aus ihren Heimatprovinzen verdrängt, als diese aufgrund von Wasserknappheit im Norden Chinas mehrmals in der Geschichte in den Süden strömten. Auch die geographische Nähe zwischen den südlichen Regionen Chinas und Südostasien spielt verständlicherweise eine wichtige Rolle, warum sich verstärkt Südchinesen im südostasiatischen Raum niederließen (vgl. Seagrave, 1995).

Die Emigranten erreichten, sofern sie die strapaziöse und gefährliche Reise überlebten, verarmt ihre neuen Heimatländer und begannen sich dort eine neue Existenz aufzubauen. Da den Chinesen der Zugang zu zahlreichen Berufen durch die einzelnen südostasiatischen Regierungen untersagt war, waren sie förmlich gezwungen, sich auf den Handelssektor zu konzentrieren (vgl. Seagrave, 1995). Diese Konzentration auf den Handel war die Basis für die Erlangung von Macht und Reichtum. Die genaueren Umstände und Gründe für den enormen wirtschaftlichen Erfolg der Auslandschinesen werden später, im Kapitel 2.3., beleuchtet.

Der wirtschaftliche Aufstieg der Übersee-Chinesen blieb nicht ohne negative Folgen. Die Emigranten waren bis in die jüngste Vergangenheit hinein das Ziel heftiger Anfeindungen seitens der einheimischen Bevölkerungen Südostasiens, welche meist auf Neid und Missgunst basierten. So brachte beispielsweise König Rama IV. von Siam zu Beginn des 20. Jahrhundert zahlreiche antichinesische Hetzkampagnen auf den Weg. Das bekannteste Beispiel ist hierbei sein Werk „Die Juden des Orients", in dem er die Auslandschinesen, „ähnlich wie Antisemiten die Juden, für die Urheber von Kapitalismus, Moderne und Sittenverfall" verantwortlich machte (Krüger, 2004, S. 123).

Ein besonders grausames Kapitel der Pogrome in Südostasien ist die Verfolgung der Chinesen in Kambodscha durch die Truppen der roten Khmer (1975 bis 1979), der die Hälfte aller in Kambodscha lebenden Chinesen zum Opfer fiel (vgl. Backman, 1999).

Sogar unter General Suharto, der sich 1965 in Indonesien an die Macht putschte und in seinem Land den Aufstieg chinesischer Geschäftsleute förderte, war es den Chinesen verboten, ihre Sprache und Schrift in der Öffentlichkeit zu benutzen. Laut Krüger erfüllten die Chinesen für Suharto, hier stellvertretend für weitere Machthaber in der Region, eine wichtige Funktion: „Sie bildeten eine Schicht von Geschäftsleuten, die einerseits tüchtig und zuverlässig war, andererseits kulturell isoliert. Das machte sie angreifbar und damit für die Regierenden ungefährlich" (Krüger, 2004, S. 120).

2.3. Die Erfolgsfaktoren der Auslandschinesen

In diesem Kapitel soll erläutert werden, welche Faktoren dafür verantwortlich waren, dass die Auslandschinesen im Wirtschaftsleben vieler Länder der Erde und vor allem in Südostasien eine solch dominierende Rolle spielen und wie sie zu Reichtum und Macht gelangten, obwohl ihnen die Mehrzahl der ausländischen Regierungen oft feindlich gegenüber (vgl. Kap. 2.2) stand.

Der Handel, der in China eine lange Tradition besitzt, war in Südostasien kaum ausgeprägt. Dies verschaffte den ankommenden Auswanderern eine günstige Ausgangsbasis, da in ihrer neuen Heimat praktisch keine Konkurrenz vorzufinden war (vgl. Krüger, 2004). Gepaart mit der geschäftigen Mentalität der Chinesen, die laut dem chinesischen Professor Sompo Zhou „an sich schon ein Wettbewerbsvorteil ist" (Bartsch, 2004, S.31), konnten die ausgewanderten Chinesen ihren unaufhaltsamen Aufstieg beginnen (vgl. Bartsch, 2004).

Der Neigung der Chinesen mit dem Handel von Gütern ihr Geld zu verdienen, was an alte Traditionen chinesischer Händler anknüpft, wurde zudem noch indirekt von den Regierungen Südostasiens unterstützt. Diese verwehrten nämlich den Chinesen den Zugang zu vielen Berufen (vgl. Seagrave, 1996). Krüger führt hierbei das Beispiel Indonesien an. Dort war es Chinesen, neben dem Verbot Land zu erwerben, nicht gestattet politische Ämter zu übernehmen oder staatlich examinierte Berufe, wie etwa Arzt, Lehrer oder Anwalt auszuüben (vgl. Krüger, 2004). Es blieb ihnen folglich kaum eine andere Option, als sich auf das Handelsgeschäft zu konzentrieren, was den Chinesen eine hohe Spezialisierung und Fachwissen einbrachte.

Der entscheidende Faktor für den Erfolg der Chinesen in Südostasien sind allerdings die vorherrschenden Clan-Strukturen, die in China eine besonders wichtige Rolle spielen (vgl. Backman, 1999). Diese engen Verbindungen sind nicht nur auf einzelne Familien beschränkt, sondern erstrecken sich zum Beispiel von der Herkunft aus derselben Stadt, über die gemeinsame Schul- oder Studienzeit bis zum gemeinsamen Erleben ähnlicher Schicksale in der Vergangenheit, wie etwa das Verlassen des Heimatlandes aufgrund einer Hungersnot (vgl. Seagrave, 1995).

Vor allem im Süden Chinas, woher die allermeisten Auslandschinesen stammen, nahmen die Clans eine wichtige Position ein, indem sie ihre Provinzen – fernab von der Regierung in Peking – seit Jahrhunderten quasi selbst verwalteten (vgl. Krüger, 2004).

Die beschriebenen Netzwerke erleichterten es den im Ausland neuankommenden Chinesen in ihrer Wahlheimat Fuß zu fassen. Dies ging sogar so weit, dass Neuankömmlinge von beispielsweise bereits in Südostasien lebenden Chinesen finanziell unterstützt wurden, etwa in Form der Übernahme der Reisekosten und zinslosen Darlehen, oder dass Letztere sogar persönlich in ihre chinesischen Heimatprovinzen reisten, um dort Clanmitglieder als neue Mitarbeiter und Partner zu akquirieren (vgl. Krüger, 2004).

Ein wichtiger Grund für den Erfolg der Auslandschinesen liegt auch in der Art und Weise, wie sie sich in der Fremde ansiedelten. Es war nämlich keineswegs der Fall, dass Mitglieder des gleichen Clans nur in derselben Region Fuß fassten, sondern sie verteilten sich vielmehr gleichmäßig, vor allem über ganz Südostasien (vgl. Seagrave, 1995).

Dies brachte zwei entscheidende Vorteile: Einerseits konnten so mit Hilfe der engen Familienbeziehungen große Wirtschaftsräume effizient und schnell bearbeitet und somit eine kaum übertreffliche Dominanz aufgebaut werden. Andererseits war und ist die Gesamtheit des Clans durch seine weitverzweigte Ausbreitung über die gesamte Region besser geschützt. Pogrome und Repressalien etwa, die den aufstrebenden, chinesischstämmigen Bürgern zu schaffen machten und die in beinahe allen Staaten Südostasiens zeitversetzt stattfanden (vgl. Kap. 2.2.), konnten das Netzwerk aufgrund der großen räumlichen Verbreitung der Auslandschinesen nur punktuell beschädigen (vgl. Backman, 1999).

Auch heutzutage spielen die Beziehungen in Netzwerken für die Auslandschinesen eine entscheidende Rolle und werden intensiv gepflegt. Als Beispiele können hierbei die Fujian Convention, welche die aus der südostchinesischen Fuijan Provinz stammenden Auslandschinesen im Zwei-Jahres-Rhythmus zusammenführt und die World Chinese Entrepreneurs' Convention (WCEC) genannt werden. Die dreitägige

WCEC, die 1991 zum ersten Mal in Singapur und seitdem unter anderem in Hongkong, Bangkok und Vancouver stattfand, gibt der Gemeinschaft der „Overseas Chinese" die Gelegenheit ihre Kontakte untereinander zu erhalten und auszubauen (vgl. Backman, 1999).

3. Das heutige China – auf dem Weg zur Wirtschaftsmacht?

Volkswirte sind sich uneinig, welchen weiteren Verlauf die Wirtschaftsentwicklung Chinas nehmen wird. So umschreibt der Journalist Bernhard Bartsch dieses Thema metaphorisch, indem er die Frage aufwirft, ob China eher auf dem Weg ist ein mächtiger Drache zu werden, der die Welt mit Feueratem beherrschen wird oder ob es sich bezüglich China eher um einen Dinosaurier handelt, dessen Gewicht zu groß und dessen Hirn zu klein ist um lange überleben zu können (vgl. Bartsch, 2003). Ohne die Frage nach der Nachhaltigkeit der weiteren wirtschaftlichen Entwicklung Chinas in diesem Rahmen beantworten zu können, sollen im folgenden Abschnitt die Chancen und Probleme der Volksrepublik betrachtet werden.

3.1. Chancen für die wirtschaftliche Weiterentwicklung Chinas

Mit dem Beitritt zur WTO im Jahre 2001 erklärte sich China zu tiefgreifenden Reformen in der Wirtschaftspolitik bereit und wurde zum größten Empfänger ausländischer Direktinvestitionen (vgl. Reisach, 2004). So zog China allein im Jahre 2003 53,5 Mrd. US-$ - das sind 8% aller weltweit getätigten Auslandsinvestitionen - auf sich und überflügelte die USA in ihrer Rolle als Hauptempfänger ausländischer Investments (vgl. Schüller, 2004). Dies setzte einen Trend fort, der sich schon deutlich vor dem WTO-Beitritt Chinas abzeichnete (siehe Abb. 3-1).

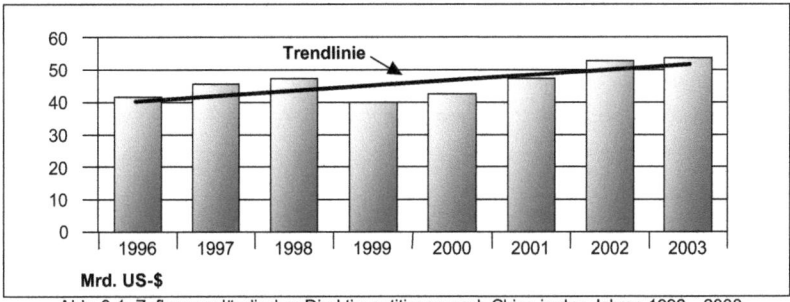

Abb. 3-1: Zufluss ausländischer Direktinvestitionen nach China in den Jahren 1996 - 2003
(Quelle: Schüller, 2004, Seite 44)

Besonders interessant bei der Betrachtung der Auslandsinvestitionen ist die Frage, aus welchen Nationen in erster Linie Kapital nach China fließt:

Hongkong, das bis Juni 1997 britische Kolonie war und seitdem wieder zur Volksrepublik China gehört, nimmt klar die Stellung des Hauptinvestors ein (vgl. Schüller, 2004). Da Hongkong noch vor der Rückgabe an China ein wirtschaftlicher Sonderstatus eingeräumt wurde, der unter dem Slogan „One country, two systems" der Stadt bis zum Jahr 2047 erhebliche Sonderrechte wie etwa eine weitgehend freie Marktwirtschaft und eine eigene Währung garantiert, werden Gelder aus dieser südchinesischen Metropole in der Wirtschaftsforschung als Auslandsinvestitionen gezählt.

Herkunftsland	Investiertes Kapital (in Mrd. US-$)
Hongkong	10.84
Virgin Islands	3.79
Südkorea	3.51
Japan	2.95
USA	2.43
Taiwan	1.89
Cayman Islands	1.54
Singapur	1.09
West Samoa	0.59
Niederlande	0.56

Abb. 3-2: Die Herkunft der Auslandsinvestitionen in China, Erstes Halbjahr 2004
(Quelle: US-Ministry of Commerce, 2005, http://www.uschina.org, abgerufen am: 11.04.2005)

Bei Betrachtung der Herkunft der Top-10-Investoren in China fällt weiter auf, dass in der ersten Hälfte des Jahres 2004, wie auch in den Jahren zuvor, ein sehr hoher Anteil der Investitionen aus dem asiatischen Ausland in die Volksrepublik floss (siehe Abb. 3-2, asiatische Länder fett gedruckt).

Laut Sompo Zhou, einem chinesischen Unternehmer und Professor an der Universität Peking, kommen insgesamt mehr als 70% der Auslandsinvestitionen von den 40 Millionen auf der ganzen Welt lebenden Auslandschinesen (vgl. Bartsch,

2004). „Der Hauptmotor des Booms ist demnach das Kapital der Hongkonger Unternehmer und der Überseechinesen sowie deren Fachwissen." (Kremb, 1995, S. 145)

Die wirtschaftliche Entwicklung Chinas spiegelt sich vor allem in den hohen Wachstumsraten des Bruttoinlandsprodukts wieder. Die in der Abbildung 3-3 aufgezeigten Wachstumsraten (durchschnittlich 9,5% p.a. seit 1990) sind besonders dann sehr spektakulär, wenn man sie mit denen Europas und der USA vergleicht, deren Wirtschaft seit 1990 im Schnitt jährlich nur um jeweils 2% bzw. 3% wuchs (vgl. Reisach, 2004).

Eine solche Gegenüberstellung zwischen den Wachstumsraten Europas oder der USA und den Zahlen Chinas ist jedoch wenig sinnvoll, da China seine wirtschaftliche Aufholjagd von einem sehr viel niedrigeren Niveau aus gestartet hat (vgl. Vermeer, 2002).

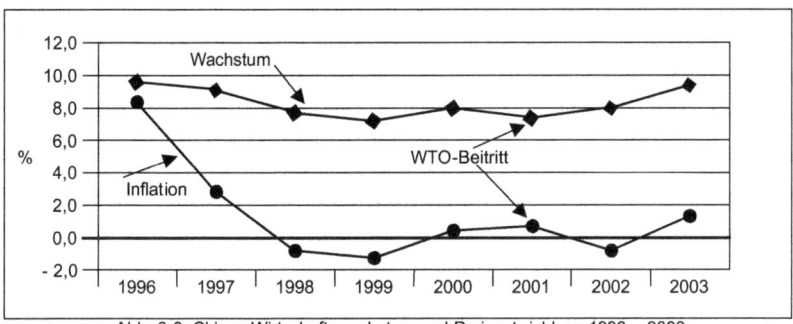

Abb. 3-3: Chinas Wirtschaftswachstum und Preisentwicklung 1996 – 2003
(Quelle: Schüller, 2004, S. 41)

Auch wenn die Wirtschaftsleistung der 1,3 Milliarden Chinesen in absoluten Zahlen zur Zeit noch geringer ist als das Bruttoinlandsprodukt Italiens und der Wert der Güter und Dienstleistungen gerade einmal ein Viertel des japanischen Outputs erreicht, wird China nach Meinung vieler Volkswirte bald alle Nationen in diesem Punkt überflügelt haben (vgl. Weider, 2004). So geht die Weltbank davon aus, dass China bereits im Jahre 2015 das höchste Bruttoinlandsprodukt der Welt besitzen wird (vgl. WirtschaftsWoche, 2003).

Die Entwicklung des Bruttoinlandsprodukts pro Kopf (siehe Abbildung 3-4) zeigt bei Betrachtung der Absolutzahlen diesen enormen Rückstand den China noch auf die industrialisierten Länder aufzuholen hat und dass „pro Kopf gerechnet (...) zwischen China (1.090 US-$) und den etablierten Industriestaaten (ca. 25.800 US-$) noch Welten" liegen (Reisach, 2004, S. 1216). Andererseits ve rdeutlicht der Anstieg des Pro - Kopf - BIP nochmals die wirtschaftliche Dynamik Chinas in den vergangenen Jahren.

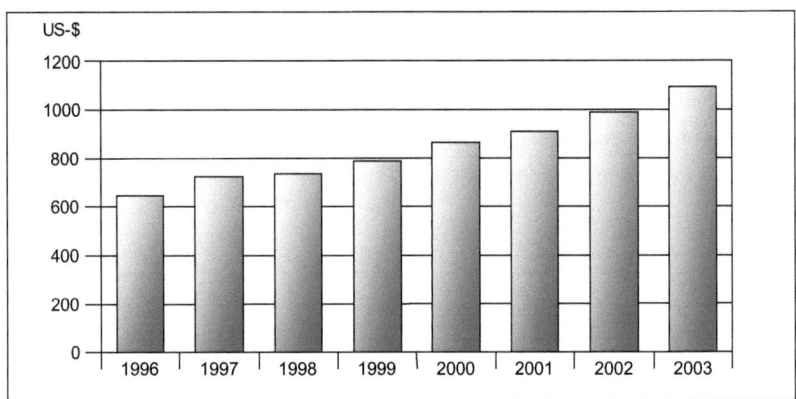

Abb. 3-4: Entwicklung des Pro-Kopf-Bruttoinlandsprodukts in China von 1996-2003 (in US-$)
(Quelle: Schüller, 2004, S. 47)

Wichtig für den enormen Anstieg des Bruttoinlandsprodukt über die letzten Jahre ist neben den Direktinvestitionen der Ausbau der Wertschöpfungskette, der nur durch das Know - How der Auslandschinesen möglich war. Laut Lieberthal war China im Jahre 1990 nur bei Baumwolltextilien und Fernsehgeräten weltgrößter Produze nt (vgl. Lieberthal, 2003). „Bis 2002 erreichte das Land zudem bei Kühlschränken, Kameras, Motorrädern, PCs, DVD - Playern, Fahrrädern, Zigaretten, Feuerzeugen und Handys eine führende Position" (Lieberthal, 2003, S. 23).

Entscheidende Faktoren, die in der Frage nach der künftigen Weiterentwicklung Chinas für Optimismus sorgen, sind die Zuversicht und der enorme Konsum - Nachholbedarf der chinesischen Bevölkerung, die sich in Zeiten des Kommunismus diesbezüglich in Verzicht üben musste (vgl. Weider, 2004). Die rasante Wirtschaftsentwicklung der letzten Jahre hat diese positive Stimmung noch verstärkt. Eine Kampagne im chinesischen Staatsfernsehen mit dem Slogan „Unsere Häuser werden größer, unsere Mobiltelefone kleiner" bringt sowohl die „Kauflust" als auch den Optimismus der Chinesen zum Ausdruck (vgl. Reisach, 2004). Laut Reisach besitzen bereits 280 Millionen Chinesen ein Handy, wobei die Zahl der Mobiltelefonierer bereits im Jahre 2008 480 Millionen erreichen soll (vgl. Reisach, 2004).

Ein Beispiel des Aufschwungs ist die Automobilindustrie. So knackte der Automobilabsatz, begünstigt durch fallende Zölle im Rahmen des WTO – Beitritts und einer größer werdenden Mittelschicht, im Jahre 2002 erstmals die „1 - Millionen - Grenze" (siehe Abbildung 3-5) und setzte sein Wachstum auch im Jahre 2003 fort (vgl. Weider, 2004).

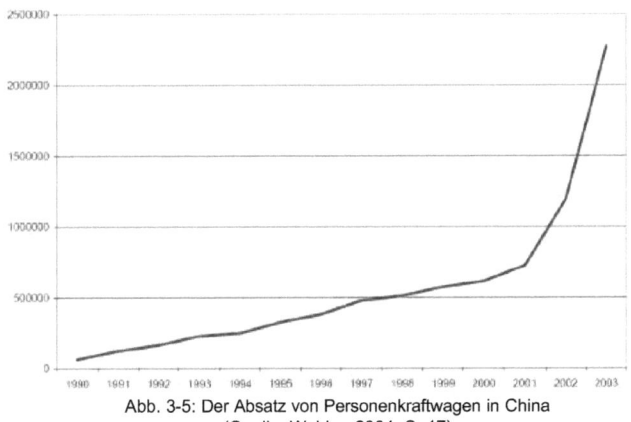

Abb. 3-5: Der Absatz von Personenkraftwagen in China
(Quelle: Weider, 2004, S. 17)

Interessant als Beweis für eine immer kaufkräftigere Mittelschicht ist die Abbildung 3-6, die die Botschaft vermittelt, dass Autos in China in zunehmendem Maße von Privatleuten gekauft werden.

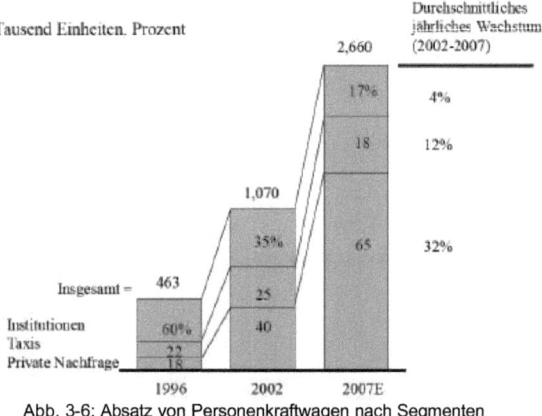

Abb. 3-6: Absatz von Personenkraftwagen nach Segmenten
(Quelle: Weider, 2004, S. 18)

Für westliche Firmen sind die niedrigen Lohnkosten im Moment das Hauptargument in China zu produzieren oder produzieren zu lassen. Monatslöhne ab 60 Euro für einen ungelernten Arbeiter sind auf der Welt kaum zu unterbieten (vgl. Kremb, 1995). Jedoch tragen Bemühungen der chinesischen Regierung die universitäre Ausbildung - vor allem in technischen Studiengängen - zu forcieren erste Früchte. Viele Experten attestieren einigen chinesischen Universitäten bereits die Zugehörigkeit zur Weltspitze (vgl. Reisach, 2004). Zudem studieren im Moment ca. 50.000 Chinesen alleine in den USA (vgl. Kremb, 1995). Dies sorgt dafür, dass China nicht mehr nur durch niedrige Produktionskosten, sondern auch bald mit Spitzentechnologie am Weltmarkt punkten wird, da künftig genügend Fachkräfte vorhanden sein werden. Darüber hinaus stehen viele chinesische Konzerne, wie etwa Haier (Waschmaschinen, Kühlschränke etc.), Legend (Elektronik) oder Ningbo Bird (Mobilfunk) in den Startlöchern den internationalen Markt zu erobern (vgl. Zeng, 2004). Ein Vorteil dieser Unternehmen ist, dass sie im Moment noch nicht ernsthaft auf den „Radaren" westlicher Konzerne zu finden sind und Letztere Gefahr laufen die chinesischen Firmen ähnlich wie die japanischen und koreanischen Unternehmen in den 80ern bzw. 90ern zu unterschätzen (vgl. Lange, 2004).

3.2. Risiken für die wirtschaftliche Weiterentwicklung Chinas

Neben den beschriebenen Chancen, die sich aus der positiven Entwicklung Chinas ergeben, muss die chinesische Regierung allerdings großen Herausforderungen gewachsen sein. Die Probleme Chinas werden nämlich von vielen Wissenschaftlern als enorm gefährlich und schwierig zu meistern eingestuft:

„Unter der Oberfläche liegt ein schwaches China, mit dem es langfristig bergab geht und das am Rand eines Kollaps steht" (Bartsch, 2003, S. 55). Bartsch kritisiert vor allem den aufgeblähten, zur Korruption neigenden Behördenapparat sowie die damit verbundene Vetternwirtschaft, die eine „Erbkrankheit des Einparteienstaates" (Bartsch, 2003, S. 61) sei. Die dringend notwendigen Reformen könnten durch die allgegenwärtige Bestechlichkeit entscheidend verzögert werden.

In jüngster Vergangenheit rückten mehrere Konflikte in den Vordergrund, in welche China verwickelt ist. Unter Anderem ist China bestrebt, Taiwan - das von der chinesischen Regierung als abtrünnige Provinz betrachtet wird - wieder vollständig in die Volksrepublik einzugliedern. Es wurde vom chinesischen Parlament ein Abkommen verabschiedet, nach dem „nicht friedliche Maßnahmen" ergriffen werden können, sollte sich Taiwan unabhängig erklären.

Ein steter Konfliktherd ist das Verhältnis zu Japan. Aktuell streiten sich die beiden Nationen um ein Erdgasfeld im ostchinesischen Meer und über japanische Schulbücher, in denen Kriegsverbrechen japanischer Soldaten am chinesischen Volk während der japanischen Besatzungszeit in den Jahren 1931 - 1945 ignoriert oder verharmlost werden. Dieser Sachverhalt führte in jüngster Vergangenheit zu anti-japanischen Ausschreitungen in Shanghai und anderen Städten Chinas. Außerdem liegt bei der UN aktuell ein Veto Chinas vor, welches zum Ziel hat, den japanischen Antrag auf einen ständigen Sitz im UN-Sicherheitsrat scheitern zu lassen (vgl. Die Zeit Online, 2005).

Ein weiteres Problem stellt die fehlende Einheit des chinesischen Volkes dar. Es existieren in China zahlreiche Dialekte die so unterschiedlich sind, dass es für Chinesen einer Region kaum möglich ist, ihre Landsleute in einer anderen Region zu verstehen. Dies verstärkt die ohnehin schon vorhandenen Rivalitäten zwischen den einzelnen Gebieten der Volksrepublik. Daneben macht es die topographische

Beschaffenheit Chinas – große Teile sind durch Hochgebirge geprägt – nur schwer möglich, durch einen Ausbau der Infrastruktur die geographischen Distanzen einfacher überbrückbar zu machen. Daraus ergibt sich, dass man von einem chinesischen Markt als solchen kaum sprechen kann, sondern dass sich dieser in eine Vielzahl von Regionalmärkten unterteilt (Vermeer, 2002).

Die größte Herausforderung, der die chinesische Regierung gegenübersteht, ist allerdings die Sanierung der maroden Staatsbetriebe. Diese wurden seit Jahrzehnten von den Banken künstlich am Leben gehalten, indem Kredite an sie vergeben wurden, die höchstwahrscheinlich nie zurückbezahlt werden können. Die Gesamtsumme dieser „bad loans" (faule Kredite) beläuft sich nach Schätzungen von Analysten der Investmentbank GoldmanSachs auf 500 Milliarden US-$ (vgl. Reisach, 2004). Es besteht im Zuge dieser Problematik weiterhin die Gefahr, dass sich ein Dominoeffekt ergibt, sollte eine Bank durch ausgefallene Kreditrückzahlungen insolvent werden. Dies wäre der Fall, wenn jeder Privat- und Geschäftskunde seine Ersparnisse durch eine Abhebung retten möchte und auf diese Weise eine Bank nach der Anderen zahlungsunfähig werden würde.

Laut Lieberthal sind in den Staatsbetrieben derzeit Millionen von Chinesen mit unproduktiven Tätigkeiten beschäftigt. Um die sogenannten SOEs (State Owned Enterprises) mit Privatunternehmen konkurrenzfähig zu machen, sind daher Werksschließungen und Massenentlassungen unvermeidlich (vgl. Lieberthal, 2004).

Solche Massenentlassungen verschärfen allerdings soziale Problemstellungen mit denen die chinesische Regierung konfrontiert ist. Hauptbrennpunkt ist dabei die steigende Arbeitslosigkeit, von welcher derzeit geschätzte 270 Millionen Chinesen betroffen sind. Von ihnen drängen Jahr für Jahr Millionen aus dem verarmten Westen in die Boomregionen der Ostküste und des Südens, um dort als Wanderarbeiter mit einem kargen Lohn ihren Lebensunterhalt zu bestreiten (vgl. Reisach, 2004).

Durch das niedrige Lohnniveau der Arbeiterschicht Chinas, das aufgrund fehlender gewerkschaftlicher Organisationen und dem riesigen „Vorrat" an ungelernten, arbeitslosen Chinesen auch in der Zukunft Bestand haben wird, besteht die Gefahr von sozialen Spannungen zwischen den Proletariern und den sich bildenden mittelständischen und reichen Schichten, da die Schere zwischen arm und reich extreme Ausmaße annimmt (vgl. Lieberthal, 1995). Für viele Wissenschaftler sind Aufstände der chinesischen Arbeiterschaft nur eine Frage der Zeit. Noch bleiben diese Revolutionen allerdings aus, da der große Optimismus bezüglich der wirtschaftlichen Weiterentwicklung Chinas das Volk bis dato vereint: „Die Vorfreude ist der Kitt, der das chinesische Volk momentan noch zusammenhält." (Weider, 2002, S. 8)

4. Fazit

Dem Boom in China, der im Moment einer Goldgräberstimmung gleicht und den damit verbundenen Chancen stehen erhebliche Risiken gegenüber. Noch kann nicht abgeschätzt werden, ob das Reich der Mitte weiter wirtschaftlich so stark wachsen wird oder ob die zahlreichen Probleme eine nachhaltige positive Entwicklung verhindern werden.

Auf jeden Fall spielen die Auslandschinesen, neben der Politik der chinesischen Regierung, die entscheidende Rolle. Ihre Investitionen und ihr Know - How werden dringend benötigt, um den chinesischen Konjunkturmotor am Laufen zu halten.

Abbildungsverzeichnis

Literaturverzeichnis

1. Backman, Michael (1999), Asian Eclipse, Singapur 1999.

2. Bartsch, Bernhard (2003), China – Drache oder Dino?, in: brandeins, 5. Jahrgang, Heft 04, Mai 2003, S. 52 – 61.

3. Bartsch, Bernhard (2004), Evolution statt Revolution, in: McK Wissen, September 2004, S. 30 – 39.

4. Die Zeit Online (2005), Japan soll „sich seiner Geschichte stellen", in: Die Zeit Online, April 2005, URL: www.zeit.de/2005/15/China_Japan, abgerufen am 19. April 2005.

5. Krüger, Justus / Kwok, Yenni (2004), Im Clanhaus um die ganze Welt, in: McK Wissen, September 2004, S. 118 – 125.

6. Seagrave, Sterling (1996), Die Herren des Pazifik – Das unsichtbare Wirtschaftsimperium der Auslandschinesen, München 1996.

7. Kremb, Jürgen (1995), Der große Drache China – Gigantischer Aufstieg ins Chaos, in: Stahl, Sabine; Mihr, Ulrich (1995), Die Krallen der Tiger und Drachen, München 1995.

8. Lange, Kai (2004), China greift bald in Europa zu, in: Manager Magazin online, August 2004, URL: http://www.manager-magazin.de/geld/ geldanlage/ 0,2828,314818,00.html, abgerufen am 19. April 2005.

9. Lieberthal, Kenneth (2004), Countdown zur Marktwirtschaft, in: Harvard Business Manager, Januar 2004, S. 20 - 40.

10. Pfanner, Eric (2004), The talk of the town in Davos: China, in: International Herald Tribune, Ausgabe vom 24.01.2004.

11. Reisach, Ulrike (2004), Investitionsboom in China – Strohfeuer oder Langzeitperspektive?, in: China Aktuell, November 2004, S. 1216 – 1220

12. Schüller, Margot (2004), Chinas wirtschaftlicher Aufstieg – Auslöser von Euphorie und Bedrohungsängsten, in: China Aktuell, Januar 2004, S. 40 – 47

13. Vermeer, Manuel (2002), China.de – Erfolgreich verhandeln mit chinesischen Geschäftspartnern, Wiesbaden 2002.

14. Weider, Marc (2004), China – Automobilmarkt der Zukunft?, Berlin 2004.

15. WirtschaftsWoche (2003), Sonderausgabe China Nr. 1, Ausgabedatum: 02.10.2003.

16. Zeng, Ming (2004), Die verborgenen Drachen, in: Harvard Business Manager, Januar 2004, S. 56 – 67.